DE L'AGRICULTURE

DES
COMICES AGRICOLES

ET DE
LEUR INFLUENCE SUR LES CAMPAGNES

RÉFLEXIONS

Adressées aux petits Propriétaires, aux Fermiers et Laboureurs,

PAR M. DUPIN

PRÉSIDENT DE L'ASSEMBLÉE NATIONALE,

DU COMICE AGRICOLE DE CLAMECY, ET DU CONGRÈS

CENTRAL D'AGRICULTURE, ETC.

PARIS

IMPRIMERIE DE PILLET FILS AÎNÉ,

RUE DES GRANDS-AUGUSTINS, 5.

—

DÉCEMBRE

1849

1850

DES COMICES AGRICOLES

ET EN GÉNÉRAL, DES INSTITUTIONS D'AGRICULTURE

PAR M. DUPIN

1 VOLUME IN-12 DE 260 PAGES.

Se trouve à Paris, chez PLON, imprimeur, rue de Vaugirard, 36, et chez VIDECOQ aîné, libraire, place du Panthéon, 1.

AVERTISSEMENT DE L'AUTEUR.

Dans ces derniers temps, les attaques dirigées par les réformateurs socialistes contre la propriété, les efforts tentés pour égarer l'esprit des classes laborieuses et pour les exciter à la haine contre ceux qui emploient les ouvriers dans les manufactures et dans les campagnes, ont fait sentir aux meilleurs citoyens la nécessité de défendre l'ordre social ainsi menacé, d'éclairer ceux qu'on s'efforce de tromper, et de les ramener au vrai *par le bon sens et par le sentiment mieux compris de leur intérêt personnel.*

C'est dans cet esprit que l'*Académie des sciences morales et politiques* a engagé ses membres à publier divers écrits, dont plusieurs ont déjà paru, en vue de combattre les fâcheuses tendances que nous venons de signaler.

D'un autre côté, une *Association* formée pour *la propagande anti-socialiste et pour l'amélioration du sort des populations laborieuses,* a répandu un assez grand nombre de petits livres dont les auteurs ont cherché sur tous les points à mettre la vérité à la place de l'erreur, à ramener le calme dans les esprits, et la bienveillance dans les cœurs.

On conçoit que de tels ouvrages, pour produire les bons résultats qu'on en espère, ne doivent pas être trop savants ni trop abstraits; car alors ils ne s'adressent qu'aux esprits cultivés, c'est-à-dire à ceux qu'on n'a pas besoin de convaincre. Ils ne doivent pas non plus être trop légers, ni conçus sur le ton de la plaisanterie. Avec cela, on pourrait faire rire dans les salons, sans produire le même effet dans les chaumières. Ce n'est pas que les socialistes et leurs systèmes n'aient aussi leur ridicule! mais, au fond, ils ne sont rien moins que plaisants. Leurs théories recèlent de terribles conséquences; leur application serait la ruine de la société; c'est donc très-sérieusement que la société veut être défendue.

C'est avec ce sérieux, et par une argumentation sévère, que, dans son discours du 9 octobre dernier, M. Charles Dupin a discuté les expédiens présentés par M. Pelletier pour la prétendue *abolition de la misère et du prolétariat*. Il a battu en ruine le système de l'orateur socialiste, de manière à n'en rien laisser subsister. Il a démontré aux moins clairvoyants que tous ces beaux moyens d'*organiser le crédit, d'organiser le travail, de supprimer la misère*, ne couvraient que des déceptions, et que leur mise en œuvre produirait un effet tout contraire aux promesses irréalisables de ces nouveaux prédicateurs.

« En effet, dit avec raison M. Louis Bellet, dans un écrit de quelques pages ayant pour titre: *Confession d'un communiste icarien, simples récits;* —que font-ils donc ces réformateurs étranges? Ils parlent de *liberté*, et nous trouvons au fond de leurs doctrines un joug insupportable qui révolterait et flétrirait nos plus nobles instincts. — Ils parlent d'*egalité*, mais ils ne nous disent pas que c'est à l'égalité devant la misère qu'ils nous conduisent en faisant appel aux plus mauvaises passions, à l'envie, à la jalousie, à la haine de toute supériorité! — Ils parlent de *fraternité*, et ils ne cessent d'opposer les unes aux autres les différentes classes de la société ; de mettre en présence, comme s'ils devaient compter leurs forces et se préparer à la lutte, les riches et les pauvres, les ouvriers et les maîtres, ceux qui possèdent et ceux qui ne possèdent pas ! — Ils parlent de *charité chrétienne*, ils invoquent l'Evangile dans leurs discours, et ils s'appliquent à transformer la société en un champ de bataille, en attendant qu'ils donnent le signal du combat. »

On s'est d'abord adressé aux ouvriers des villes, à ceux qu'on avait sous la main, que la cessation des travaux mettait aux prises avec le besoin, et que leur agglomération dans les grands centres de population tenait plus immédiatement en disponibilité. On leur promettait qu'au bout de trois mois d'oisiveté, entrecoupés d'émeutes, toutes les fabriques seraient à bas et qu'ils seraient les héritiers nécessaires des patrons! Les bons ouvriers ont été obligés de subir la loi des mauvais ; il n'a pas été permis aux plus laborieux de se distinguer des fainéants ; la grève s'est prolongée ; puis la guerre civile est venue ; et enfin il n'y a eu d'amélioration dans le sort des victimes de ce funeste système que par le rétablissement de la paix, la reprise du travail, et d'équitables transactions entre les ouvriers et les patrons sur les conditions et le taux des salaires, comme cela s'était fait de tout temps. Après ces fatales épreuves, si tous les ouvriers des manufactures ne sont pas entièrement désabusés, on peut affirmer du moins que le plus grand nombre aujourd'hui sait à quoi s'en tenir sur le mérite des doctrines du Luxembourg et la valeur des ateliers nationaux !

Mais il est une autre sorte d'ateliers bien plus vastes : ce sont ceux de l'agriculture, qui occupent des millions de bras et fournissent aussi des millions d'électeurs. Ces électeurs vierges, qui n'ont senti le contre-coup de février que par l'impôt révolutionnaire des 45 centimes, sont ceux qui, en 1848, ont sauvé la France par la sagesse de leurs choix dans l'élection de la majorité des membres de l'Assemblée constituante; — ce sont eux qui ont formé l'affluence extraordinaire et vraiment nationale du 10 décembre, — et qui ont laissé la démagogie en minorité dans les élections de mai 1849, malgré tous les efforts déjà tentés pour détourner ou corrompre les suffrages.

Depuis ce temps, les factieux ne se sont pas reposés. En contact avec les couches inférieures de la société, par des agents subalternes que leurs affiliations secrètes entretiennent sur tous les points du territoire, on les voit partout, répandant leur fiel, leurs doctrines et leurs écrits, avivant les haines, excitant les cupidités, faire auprès des ouvriers de l'agriculture dans les campagnes des tentatives analogues à celles qui ne leur avaient que trop réussi près des travailleurs de nos cités manufacturières.

Les socialistes, les communistes, les partageux font avec nos braves villageois comme le démon avec Jésus-Christ, *lorsque du haut de la montagne* ils montrent tous les biens de la terre, promettant de donner à celui-ci un pré, à tel autre un champ, un domaine ou une maison, si l'on veut bien les croire, et leur confier le soin de gouverner le pays à leur gré ; ou, selon notre vieux langage, *à leur appétit.*

Les hommes honnêtes, cependant (et, grâce à Dieu, ce sera toujours le plus grand nombre), comprennent bien qu'on ne peut pas ainsi dépouiller ceux qui possèdent au profit de ceux qui ne possèdent pas. — Obligés de réfléchir, ceux à qui l'on promet le bien d'autrui sans pouvoir le leur livrer, comprennent et savent parfaitement qu'on ne devient propriétaire légitime d'une chose qu'en en payant le prix ; de même qu'ils ne donnent leur journée qu'à celui qui paye leur salaire. Or, on ne peut payer ce prix qu'autant qu'on l'a gagné par son propre travail, ou hérité d'un père qui a travaillé et économisé pour ses enfants. La spoliation serait la guerre civile ; en 1793, il a fallu tuer avant de dépouiller. Or, la guerre civile serait la ruine du pays, et, en fin de cause, il y aurait assurément moins de riches, mais certainement aussi plus de pauvres et de malheureux, puisqu'il n'y aurait plus personne qui pût ou voulût faire travailler. Ainsi, ce serait la perte de la France ! Or, le peuple est patriote ; il est fier de la gloire de son pays ; il ne consentira jamais à devenir, pour la satisfaction de quelques ambitieux, un instrument de meurtre, d'incendie et de dévastation qui déshonorerait à jamais le nom français !

Le laboureur aime ses champs ; il se plaît à son travail. Quand le soleil éclaire le sillon qu'il trace, quand il voit bondir ses troupeaux, il ne quitterait pas son labeur, quelque dur qu'il soit, pour aller en ville faire une émeute, ou pour piller le propriétaire ou le fermier qu'il sert et dont il est bien traité.

Le petit propriétaire, pour peu qu'il soit clair-voyant, comprend à merveille qu'après les plus gros, par lesquels on commencerait, viendraient les moyens, puis les inférieurs, et que tout y passerait de proche en proche pour devenir successivement la proie des fainéants, des ivrognes, des malfaiteurs et de ceux que les campagnards eux-mêmes appellent des *gens de rien* (1).

Ayons donc confiance dans l'intelligence, le bon sens et l'honnêteté de ceux qu'il faut appeler avec honneur les *paysans,* c'est-à-dire par excellence les hommes *du pays*, les cultivateurs de la terre et du sol natal.

Ceux qui vivent au milieu d'eux, qui étudient et savent observer leurs mœurs simples et laborieuses, leur vie sobre et dure, leurs affections et leurs antipathies, connaissent leurs défauts, mais aussi leurs bonnes qualités. Avec ceux qui sont au-dessus d'eux, c'est : *j'aimerai qui m'aimera.* Il faut donc les aimer, les instruire, les aider dans leurs besoins, les garantir de l'erreur, et surtout les convaincre que c'est dans le sentiment d'un

____

(1) Les détachements révolutionnaires de 1793 n'étaient pas composés de cultivateurs, mais de clubistes et de vauriens recrutés dans les populations urbaines.

dévouement et d'une affection réciproques du fermier envers le propriétaire, et des agents de l'agriculture quels qu'ils soient, envers ceux qui les emploient, qui les font travailler, qui les secourent dans les disettes ou pendant la mauvaise saison, qui les assistent dans leurs maladies et dans leurs autres afflictions ; en un mot, dans ce patronage quotidien du riche pour le pauvre, du fort pour le faible, que se trouve le vrai préservatif, le plus certain contre le malheur. — C'est là aussi que se rencontrent l'espoir du succès, les chances même de la fortune, quand, avec du travail, de la conduite et du savoir-faire, celui qui d'abord ne fut que manœuvre, parvient à gagner, à économiser, à acquérir, à posséder enfin, après l'avoir loyalement achetée, la terre de ceux qui, prenant le contre-pied, ayant mené une vie oisive et débauchée et fait de mauvaises affaires, sont obligés à leur tour de céder leur propriété ruinée à ceux qui se chargent de la remettre en valeur.

Dans cette croisade du vrai contre le faux, de l'ordre contre le désordre, de l'honnête contre l'injuste, du droit contre la spoliation, j'ai voulu fournir mon contingent : — d'abord par la publication de mon livre sur *les Comices agricoles ;* — et aujourd'hui par ces Réflexions que j'ai tracées à Raffigny, au milieu de mes cultures, et que j'adresse avec confiance et une sympathique affection aux petits propriétaires, aux fermiers, aux laboureurs, et en général à tous les ouvriers de l'agriculture, dont je me complais à étudier les mœurs et à suivre les utiles travaux dans les intervalles de repos, hélas ! si courts, que me laisse une vie non moins laborieuse, et certainement plus inquiète et plus agitée que la leur !

O fortunatos nimium !...

DE L'AGRICULTURE

ET DES

COMICES AGRICOLES

> Omnium autem rerum ex quibus aliquid acquiritur, nihil est Agricultura melius, nihil uberius, nihil dulcius, nihil homine libero dignius.
>
> CICERO, *De Officiis*, lib. 1.
>
> De tout ce qu'on peut acquérir il n'y a rien de meilleur, de plus abondant, de plus délicieux, de plus digne enfin d'un homme libre, que ce qu'on gagne par les produits de l'agriculture.

L'agriculture est le plus ancien, le plus nécessaire, le plus noble des arts.

En livrant la terre à l'homme, Dieu lui a donné pour mission de la féconder par le travail et de l'arroser de ses sueurs (1).

C'est ce labeur de l'homme ajouté à l'œuvre de la création qui a constitué le privilége du possesseur, son droit de jouir, à l'exclusion de tous autres, de la portion de terre qu'il avait ainsi appropriée à ses usages; et, par suite, la faculté de la transmettre après lui à ses enfants ou à d'autres, par les moyens que les législations humaines ont successivement autorisés.

Chez tous les peuples, le laboureur devrait, entre tous les travailleurs, être le plus honoré dans la paix, le plus ménagé

(1) In laboribus comedes... in sudore vultûs tui vesceris pane. *Genes. chap.* III, *v.* 17 *et* 19.

dans la guerre. — Malheureusement on a presque toujours vu le contraire.

Dans la guerre, c'est d'abord à lui qu'on s'en prend. On n'enlève pas seulement à la terre les bras qui la cultivent ; on met en réquisition les attelages pour les charrois, les bestiaux et les grains pour la nourriture des armées, les fourrages pour la cavalerie et pour le bivouac.

En voyant s'approcher l'ennemi, l'avare cache son or, le banquier serre son portefeuille, les villes se ferment, se défendent ou se préservent par des capitulations ; — le laboureur est réduit à jeter sur ses champs un regard douloureux, il s'écrie comme le paysan du Mantouan (1) dans la première églogue de Virgile : Des barbares auront donc ces moissons ! ces magnifiques cultures ! voilà donc pour quelles gens nous avons ensemencé nos terres !

> Impius hæc tam culta novalia miles habebit !
> Barbarus has sagetes ! en queis consevimus Agros !

Aussi les défend-il avec ardeur. Et de tout temps on a remarqué que les hommes de l'agriculture étaient aussi les meilleurs soldats. Presque tous ont servi dans les deux milices, l'agriculture et l'armée : — gloire au vétéran ! honneur au soldat laboureur !

Les législateurs ont dû maintes fois s'occuper de protéger l'agriculture. Même au moyen âge, on voit des trêves ménagées pour laisser le temps de semer et de récolter. On trouve çà et là des ordonnances pour réprimer ce que les plus anciennes appellent les *pilleries des gens de guerre*, et les vexations exercées par certains hobereaux sur les pauvres gens du *plat pays*.

Les édits sur la procédure exceptent des saisies-exécutions les semences et les instruments aratoires. Quelques exemptions de formes, certaines facilités accordées par le législateur à ceux qu'on appelait insolemment des *rustres*, ont été réunies par un juriconsulte du seizième siècle sous le titre : *De privilegiis rusticorum* (2).

(1) Aujourd'hui la Lombardie.
(2) Choppin.

Mais pendant plusieurs siècles encore, les corvées, les dîmes, les oppressions de toute nature, le défaut de liberté dans le commerce et dans la circulation des marchandises et des denrées, devaient peser sur l'agriculture. Sully et Vauban avaient en vain réclamé pour elle ! Une révolution seule pouvait réellement affranchir l'homme et la terre.

Telle fut la révolution de 1789.

Cette révolution a aboli le servage, la main-morte, la dîme, la corvée et toutes les exactions féodales ; elle a supprimé les *priviléges*, détruit les *servitudes*, et fondé l'*égalité* de droit, le *droit commun* de tous les Français.

Et pourtant, que le laboureur ne l'oublie pas ! peu de temps après l'avènement de ce régime qui avait proclamé si haut les grands mots de *Liberté*, *Égalité*, *Fraternité*, le laboureur français vit, sous le fatal régime de la Terreur, fondre sur lui, comme une grêle, les réquisitions de toute espèce, le maximum et les assignats.

Et dans ces derniers temps, que je rapproche à cause de la ressemblance qu'une faction insensée s'est efforcée de leur donner avec un odieux passé, ce n'est pas la faute des nouveaux Montagnards si l'on n'a pas renouvelé tous les expédients de 1793, y compris le papier-monnaie !

Il y a donc deux époques que je ne voudrais jamais effacer du souvenir de ceux qu'on appelait jadis avec dédain les *paysans* : nom dont ils pourraient s'honorer aujourd'hui, si l'on doit entendre par ce mot, ainsi que l'indique son étymologie, les *hommes du pays*, ceux qui fécondent le *sol* de la patrie, qui vivent le plus de la vie des champs, du soleil et du grand air, vie de force et de liberté.

La première époque est celle qui a fondé la liberté en détruisant toutes les oppressions antérieures à 1789.

La seconde époque est celle de la Terreur, époque de larmes et de sang, des réquisitions, du maximum et des assignats, avec tous les excès et tous les malheurs qu'entraînent les discordes civiles : *En quo discordia cives perduxit miseros !*

Si les vieillards prenaient soin de transmettre ces traditions à leurs enfants ; si ceux à qui la patrie confie le soin d'instruire la jeunesse des campagnes en remettaient à propos le tableau sous les yeux de leurs élèves, ils apprendraient aux populations à détester également le despotisme et l'anarchie ; à comprendre que l'ordre public maintenu, la loi sévèrement exécutée, peuvent seuls garantir à chacun la sûreté de sa personne, de son travail et de sa propriété. Tous demeureraient convaincus que les tempêtes politiques sont aussi redoutables pour leur bien-être que les tempêtes naturelles sont dommageables pour leurs récoltes; ils apprécieraient davantage le bonheur de vivre sous un régime protecteur; ils comprendraient mieux le devoir de soutenir les gouvernements qui les font jouir des bienfaits de la paix, et l'obligation imposée à tout citoyen de prêter main-forte aux pouvoirs institués pour faire respecter le droit et la liberté de tous contre la violence et l'oppression des plus audacieux.

Sous tous les régimes qui, depuis 1793, ont pu mériter le titre de gouvernements *modérés*, l'agriculture a vu successivement sa condition s'améliorer et devenir l'objet d'une sollicitude plus active.

Malgré la guerre, aussi longtemps du moins que la victoire sut la tenir éloignée de nos frontières, Napoléon, par la police sévère qu'il sut établir, par son Code civil et ses grandes lois d'administration, fut véritablement *l'homme national*, et l'on put dire de son gouvernement succédant aux agitations révolutionnaires, comme de celui d'Auguste après la cessation des guerres civiles : *Deus nobis hæc otia fecit.*

Sous la Restauration, on a commencé à mieux étudier et à mieux connaître les vrais principes de l'économie politique. On a combiné les lois de douane avec les forces de la production nationale.

Depuis 1830, la paix continuée, le crédit plus développé, les travaux publics et les entreprises particulières prenant une extension dont aucune autre époque de notre histoire n'avait offert d'exemple; tout, pendant dix-huit ans, avait contribué à exciter la production, à perfectionner l'industrie, à multiplier les voies d'écoulement et d'échange, à accroître la masse du travail et des consommations.

Pendant cette même période, l'agriculture est devenue l'objet d'un véritable culte.

Les hommes que les diverses révolutions avaient repoussés de la carrière politique et de celle des armes, ont cherché dans les campagnes le moyen d'occuper l'activité de leur corps et de leur esprit. On a réparé les châteaux, rebâti les fermes, fondé de nouvelles usines, éclairé ou assaini les moindres habitations. *Regis ad exemplum*, chacun semblait avoir ce qu'on nomme vulgairement la *maladie de la pierre* :

ç'a été le bon temps des maçons et des architectes, et de tous les ouvriers qui travaillent à leur suite; ils ne sauraient l'oublier!...

D'un autre côté, la classe des cultivateurs est devenue plus éclairée. Sur tous les points du territoire, on a vu se former des sociétés d'agriculture; la presse leur a prêté son concours par des journaux spéciaux et une foule de publications; des fermes-écoles, des fermes-modèles, des colonies agricoles ont été fondées; on a mieux que par le passé interrogé les sciences naturelles, la physique, la chimie; on est remonté de la pratique à la théorie, et réciproquement on est redescendu de la théorie à la pratique, en éclairant ou rectifiant l'une par l'autre, par des essais, des expériences, des tâtonnements. On a déclaré la guerre à la routine, supprimé les jachères, varié les assolements, introduit des cultures nouvelles, amélioré la race des bestiaux, étudié les engrais, perfectionné les charrues et les autres instruments d'agriculture, utilisé les eaux par de savantes irrigations, multiplié les voies de communication : — sur tous les points on a vu s'établir les améliorations et le progrès.

Une des institutions qui ont le plus contribué à propager ces résultats est, sans contredit, l'institution des *Comices agricoles*, heureuse pensée qui, à un jour donné, dans le même champ, sous le feu du soleil qui embellit et féconde toute la nature, rassemble le propriétaire, le fermier, le laboureur; celui qui élève le bétail, le conduit et le garde; tous ceux, en un mot, qui, à un titre quelconque, peuvent être considérés comme des agents de l'agriculture ; en présence, avec le concours et aux applaudissements de toute la contrée.

Quoi de plus libéral que ces assemblées ! Formées par la seule volonté de ceux qui les composent, elles élisent leur président, leurs secrétaires, leur bureau ; des prix sont décernés par des jurys élus par le suffrage universel des membres du Comice ; les juges du concours sont seuls exclus des prix qu'ils sont chargés de décerner ; c'est à eux d'opter entre la qualité de juges et celle de concurrents.

Dans ces réunions populaires, l'égalité, la fraternité ne sont pas de vains mots : l'égalité n'y est point un texte pour l'envie et la spoliation ; la fraternité ne s'y produit pas avec des formules grossières et en quelque sorte menaçantes. Tout y est libre, volontaire, affectueux, sans prétention. Le riche y couronne le pauvre ; il applaudit en lui, non le fainéant, mais le travailleur ; non l'ouvrier débauché, mais l'ouvrier honnête et moral. Le vieux serviteur y paraît sous le patronage de son maître, qui le premier s'empresse de louer ses bonnes qualités en rendant témoignage de son intelligence et de ses services ; les deux y gagnent, car souvent l'éloge du bon serviteur remonte au bon maître par les voix qui redisent le proverbe : *Tel maître, tel valet.*

On se presse pour voir fonctionner les charrues de divers modèles ; et tel cultivateur, encroûté dans la routine, qui ne se serait jamais laissé persuader qu'il existe de meilleure charrue que son araire primitive, à soc pointu avec d'étroites oreilles dont il s'est toujours servi, s'extasie devant la charrue Dombasle et la charrue Granger, et ne peut résister au désir de s'en procurer une semblable à celle qui sous ses yeux a tracé un sillon plus profond, plus droit, plus régulier.

Il en est de même des machines ; c'est en les voyant fonctionner qu'on s'en dégoûte ou qu'on s'en éprend : À l'œuvre on connaît l'artisan.

Et tout cela se passe au milieu des communications les plus franches, les plus vives, les plus sympathiques ; au milieu des ondulations d'une population dont les flots se portent successivement sur tous les points où sa curiosité est éveillée : ici un bel étalon, là un taureau de Durham, un charolais, un morvandiau ; plus loin de beaux moutons de race, ou croisés. Tout le monde se touche, se presse, s'interpelle par des questions, des éloges, des critiques, des doutes, des réflexions de toute nature ; la plaisanterie, le rire, la gaieté éclatent à chaque instant.

Tout se termine par un banquet dont le prix modique est à la portée des bourses les plus modestes. Excepté cinq ou six places réservées aux dignitaires et aux ordonnateurs de la fête, chacun se place au hasard, sans distinction, et se montre toujours content de son voisin. Des discours y sont prononcés, non pour animer les passions et exciter les cupidités, mais pour louer l'intelligence appliquée aux travaux utiles et développer les sentiments honnêtes. Des toasts y sont portés, mais à qui ? — *Au chef de l'État*, au pouvoir protecteur de la paix publique, du commerce et de l'industrie ; — *à l'agriculture*, à ses bienfaits, à ses progrès ; — *aux lauréats*, objet des honneurs et des encouragements décernés par le Comice ; — enfin *aux visiteurs*, dont la pré sence est venue ajouter quelque éclat à la solennité de la réunion. Et chacun se retire content.

Il n'y a guère d'apport, de foire, de fête mangeoire qui se termine sans rixes, sans disputes ou sans quelque ignoble scène d'ivrognerie (1). Jamais banquet de Comice n'a rien offert de semblable. On pourrait dire de chaque assemblée de ce genre, que c'est une foire où l'on ne s'enivre pas et où l'on ne ment point.

Aussi le gouvernement a-t-il favorisé autant qu'il l'a pu le développement et la multiplication des Comices.

Des *instructions* que le ministre de l'agriculture a publiées ont eu pour objet d'indiquer aux localités les moins éclairées les meilleures conditions auxquelles ces associations peuvent se former. Le gouvernement y a affecté des primes, des médailles, des encouragements. Les conseils-généraux ont secondé cette impulsion, et les Comices ont prospéré. — Leur nombre en ce moment dépasse celui de trois cents. J'en ai donné l'état nominatif dans mon *Livre des Comices*, p. 163. On compte en outre 122 sociétés d'agriculteurs.

Il existe aussi de grands établissements d'instruction agricole, tels que Roville, Grignon, Grand-Jouan, la Saulsaie.

Depuis le 20 décembre 1841, vingt-et-une fermes-écoles ont été créées et forment, avec les vingt-cinq déjà existantes, le premier degré de l'enseignement agricole.

On travaille à organiser, mais sur un plan trop vaste peut-être, et certainement trop dispendieux, l'*Institut national agronomique* de Versailles décrété par l'Assemblée constituante.

La bienfaisance a pris pour but l'agriculture, et amené la fondation d'importants établissements, tels que le Pénitentier de Marseille, le Val-d'Yère, Saint-Illan, Le Mettray, Petit-Bourg et les colonies d'Oswald et de Cernay, etc.

Une commission spéciale est chargée d'étudier les questions qui se rattachent à la création de *Colonies agricoles*

---

(1) Le vin commence par la joie et finit par la bataille. Ce genre d'excès est le fléau des campagnes.

Natis in usum lætitiæ scyphis
Pugnare Thracum est : tollite Barbarum
Morem, verecundumque Bacchum
Sanguineis prohibete rixis.

destinées à procurer du travail aux bras inoccupés et à mettre
en valeur des terres jusqu'ici négligées.

Je ne dois pas oublier non plus de mentionner le *Congrès central* d'agriculture. — Née des besoins de l'agriculture, du sentiment de sa faiblesse si 'elle ne se créait pas un
organe puissant capable de la défendre en exposant ses besoins
et en faisant entendre ses vœux ; cette Assemblée, mal à propos redoutée de quelques hommes du pouvoir, et introduite
de fait, moins avec l'autorisation qu'avec la tolérance de l'administration supérieure, a présenté comme les *Etats-Géné-
raux de l'agriculture en France.*

Là, en effet, sont venus se grouper avec un empressement
remarquable les députés de tous les Comices, de toutes les
sociétés d'agriculture des départements ; et l'on a vu parmi
ces *députés de la terre* surgir, comme d'une végétation im-
provisée, des orateurs habiles à traiter les diverses questions
des rapporteurs savants dans la manière de les exposer et de
les résumer, des hommes hardis quelquefois dans leurs
idées et dans leur langage, mais contenus ou ramenés aussitôt dans de justes limites par la nature pacifique du sujet
le caractère moral de la réunion, et le bon sens exquis de la
grande majorité de ses membres.

Mais revenons aux *Comices*, car sans méconnaître les avan-
tages des diverses autres institutions agricoles dont chacune
a son caractère propre d'utilité, je ne crains pas de dire
qu'entre toutes ces institutions, les Comices ont le plus effi-
cacement contribué à répandre dans le peuple, le peuple laboureur, le peuple qui cultive la terre de ses mains, les idées
qu'il importe le plus de répandre pour vaincre les vieilles
routines, les pratiques vicieuses, et pour faire pénétrer dans
les campagnes l'esprit de moralité, d'amélioration et de progrès.

Les Comices de Seine-et-Marne et de Seine-et-Oise ont
été les premiers à se former aux portes de la capitale. Bientôt leur exemple a été suivi.

La Nièvre en a promptement ressenti l'impulsion. Dès
l'année 1839, une souscription s'est ouverte dans l'arron-
dissement de Clamecy, et le 8 septembre de la même année,
son Comice a tenu sa première assemblée près de la ville de
Tannay, dans un site délicieux dominant les admirables prairies qui bordent la belle vallée de l'Yonne.

Le *règlement* de ce Comice, approuvé le 14 juin, renferme

les dispositions les plus sages, dont quelques-unes ont été empruntées à ses devanciers, et d'autres ont mérité d'être adoptées par ceux qui sont venus après.

Depuis son origine, j'ai eu l'honneur d'être le président de ce Comice : honneur déféré à mon goût pour l'agriculture, que j'aime, bien plus qu'à mes connaissances agronomiques, qui sont, je l'avoue, très-bornées. Ma pratique, fort restreinte, s'est exercée sur les plantations et sur les prairies, plus que sur les cultures que mon séjour habituel à Paris m'empêche de suivre ; et j'en dois d'autant plus de gratitude à l'indulgence de ceux qui, malgré mes recommandations, ont insisté pour me placer à leur tête, lorsque tant d'autres, à mon avis, en eussent été plus capables que moi.

L'agriculture de la Nièvre, déjà en progrès, a fait des pas rapides et obtenu des succès remarquables depuis dix ans, c'est-à-dire depuis l'institution des Comices. La race des chevaux de trait s'est agrandie et fortifiée ; la race bovine charolaise, croisée avec la race morvandelle, a pris de la taille et de la finesse sans rien perdre de sa vigueur ; et l'intervention des taureaux de Durham a donné naissance à de magnifiques sujets, dont plusieurs ont été primés au *Congrès de Poissy*, parmi les plus belles espèces destinées à la consommation, tandis que nos bœufs du Morvand conservaient leur supériorité pour le travail, la force et la dextérité.

Le *Comice de Clamecy* n'a pas seul contribué à ces grands résultats, je le reconnais : il n'y a fourni que son contingent. Les autres arrondissements ont fait aussi leurs efforts ; la *Société centrale de Nevers*, qui compte dans son sein des hommes éminents, a donné de sages conseils, pendant que la *ferme de Poussery* offrait d'utiles leçons et de précieux modèles. Tout était en mouvement et en travail, et l'on pouvait dire : *Fervet opus....* quand de malheureux troubles civils, en alarmant tous les intérêts, en menaçant toutes les existences, sont venus suspendre le cours de cette admirable prospérité, et produire cette détresse universelle dont en ce moment l'agriculture souffre et gémit (1).

______

1) *Extrait du rapport déposé le 25 avril 1848 à l'Assemblée nationale constituante, par M. Théodore Ducos, au nom de la commission chargée de l'examen des dépenses du gouvernement provisoire.*

« Une grande et soudaine révolution a éclaté : elle a brisé un

Malheur ! grand malheur sans doute ! mais dont je profiterai du moins pour en tirer une leçon que j'adresse principalement aux laboureurs, et je devrais dire en général *aux travailleurs de tous états*; car tout se tient dans ce monde par les liens dont la Providence, dans sa prescience et sa justice universelle, se sert pour enchaîner les effets et les causes.

Je leur dis à tous : Quand il y a des troubles à Paris, n'écoutez pas ceux qui s'en réjouissent d'une manière stupide ou féroce ; comme si les perturbations de cette capitale devaient, selon le langage de ceux qui vous trompent ou qui vous flattent, diminuer vos misères et améliorer votre position. — C'est tout le contraire.

Point de jalousie contre la capitale : c'est un mauvais sentiment. Si Paris était anéanti, comme le voudraient les ennemis de la France, plus de soixante départements, qui ne vi-

trône et renversé la monarchie. Au moment où il s'y attendait le moins, le pays a vu proclamer la république. Des hommes qui naguère encore n'aspiraient à aucune fonction dans l'Etat, ont été tout à coup placés au premier rang, et ont conquis ou accepté la direction des affaires publiques.

« Sous le nom de Gouvernement provisoire, ces hommes, pendant soixante-dix jours, ont concentré dans leurs mains tous les pouvoirs de la France : sortis d'une révolution, ils ont voulu accomplir la révolution et obtenir d'elle tout ce qu'elle pouvait produire. Une dictature absolue, souveraine, a été exercée; — les institutions ont été profondément modifiées; — la plupart des fonctions ont passé en des mains nouvelles; — les finances ont été administrées sans contrôle et au gré du seul pouvoir existant; — la force publique a été modifiée; — l'agitation a régné dans les rues et le désordre dans les esprits; — les transactions commerciales, industrielles et agricoles, se sont vues frappées de paralysie; — un discrédit général a atteint les plus hautes fortunes comme les plus humbles; — le trésor de l'Etat, qui repose sur des bases si solides, la Banque de France elle-même, qui se trouve si vigoureusement constituée, les maisons de commerce les plus anciennes et les plus puissantes, ont dû suspendre ou ralentir leurs payements; — une multitude innombrable de maisons moins robustes ont succombé; — les principaux revenus publics ont été taris dans leurs sources; — des charges imprévues ont frappé la propriété foncière; — la capitale a été menacée; — la circulation du numéraire a été arrêtée; — l'étonnement, l'inquiétude et l'effroi ont mis le comble à une crise dont nul ne pouvait sans terreur mesurer l'étendue et le terme. »

vent que de leurs relations et de leur commerce avec Paris, seraient ruinés.

En effet, écoutez bien ceci : la guerre civile à Paris, quels en sont des effets ?

Les étrangers venus de tous les pays de l'Europe pour y jouir des plaisirs et y contempler les merveilles de notre longue civilisation, se hâtent de retourner chez eux, et les hôtels garnis sont déserts.

Les gens riches, ceux qu'aucune fonction publique, aucun devoir n'enchaînent à Paris, quittent leurs hôtels ou donnent congé de leurs appartements, et vont à la campagne, dans leurs terres, chercher une paix, une sécurité que ne leur offre plus la capitale, et y vivre obscurément, avec une économie que la perte du crédit et le défaut de rentrée de leurs capitaux et de leurs revenus leur rendent nécessaire, s'ils veulent, comme on dit vulgairement, mettre les deux bouts l'un vers l'autre.

Les parents, craignant pour la vie et le moral de leurs enfants, qu'ils n'envoient à Paris que pour y puiser une éducation plus exquise, les retirent de ce foyer d'agitation, les rappellent auprès d'eux ; et les nombreux pensionnats de Paris sont déserts ou grandement dépeuplés.

Le crédit se resserre, le marchand cesse de vendre, les travaux en tout genre sont froissés ou interrompus ; surtout si à la restriction des commandes vient se joindre l'action violente des paresseux qui, ne voulant pas travailler, contraignent par menaces et par voies de fait les bons ouvriers à quitter leurs ateliers.

Toutes les consommations de Paris étant ainsi arrêtées ou considérablement diminuées, le contre-coup ne tarde pas à s'en faire sentir dans les provinces où le prix des denrées tombe, le travail décroît, les salaires diminuent. — Et c'est en présence de ce triste résultat que je dis aux ouvriers :

Maintenant, allez au club si vous voulez : allez écouter les charlatans politiques et les démagogues déclamer contre les riches qu'on s'efforce de ruiner, contre les fonctionnaires publics dont on sape l'autorité, contre la société qu'on prétend refaire, et qu'on parvient seulement à ébranler. Avec votre bon sens naturel, si vous voulez bien y joindre un peu de réflexion, vous leur répondrez : Prophètes de malheur, c'est vous et ceux dont vous êtes les correspondants et les organes, qui êtes cause de notre détresse ; ce sont les journées de mars et d'avril, l'attentat du 15 mai, la sédition de juin, la propagande infernale de vos écrits, l'agitation entretenue et sans cesse renouvelée, qui, en détruisant la sécurité, l'aisance et la consommation de Paris, ont diminué pour nous les causes du travail. Laissez-nous en paix, et ne nous donnez pas à croire que, si l'on procurait à vos meneurs les |places qu'ils convoitent, tout irait pour le mieux. Taisez-vous et laissez-nous travailler.

Chaque département peut appliquer ces conséquences à ses productions et à ses travailleurs : la Nièvre pour ses fers et ses bois ; la Normandie pour ses bestiaux ; le Midi pour ses vins, ses eaux-de-vie, ses huiles ; le Nord pour ses lins et ses colzas ; tous les pays de fabrique pour leurs débouchés (1). Partout cette question rappelle la fable des membres qui refusaient de travailler pour l'estomac. Oui, Paris digère tout, absorbe tout ; mais en achetant et en payant tout ce qu'il reçoit et tout ce qu'il consomme, c'est-à-dire en enrichissant les départements qui lui apportent et lui vendent les produits de leur sol et de leur travail (2).

Dans ces derniers temps on a tout menacé, la religion, la propriété, la famille.

Proudhon a poussé le blasphême jusqu'à oser dire *que tout mal venait de Dieu !* — J'aime mieux l'impie qui, dans son

(1) Une des formules de séduction lors des dernières élections était de déclamer contre les *habits de drap !* — Eh bien ! portons tous des blouses ; mais combien désormais vendrez-vous vos laines, et que ferez-vous des nombreux et intéressants ouvriers qui fabriquent les draps ? Si vous proscrivez le drap, à plus forte raison la soie, que deviendront les ouvriers de Lyon ? Tout se tient dans ce monde.

(2) La même réflexion s'applique aux grands monuments de Paris, auxquels certains députés trouvent quelquefois mauvais qu'on applique en partie les fonds du budget. Tous ces monuments sont à la France ; ils attestent sa grandeur, et sont seuls capables d'attirer les regards des étrangers. Ceux-ci ne seraient certainement pas venus pour admirer la présence des *invalides civils* aux Tuileries ! mais ils viendront admirer le tombeau de Napoléon gardé par les invalides de nos glorieuses armées, la colonne de la place Vendôme, l'arc-de-triomphe de l'Etoile, les jardins et le musée de Versailles, le Panthéon, le Louvre, même inachevé ; etc., etc.

aveuglement, se dit en lui-même : *Il n'y a pas de Dieu* (1), que la créature qui se dresse ainsi avec orgueil contre le Créateur.

On a vu les différentes sectes du socialisme, divisées sur les moyens, s'accorder sur le but, qui était de miner et de détruire la propriété : « s'efforçant, » comme je le disais dans la séance du 10 août 1848, « d'effacer le titre de la pro-« priété dans le Code civil, et le titre du vol dans le Code « pénal. »

Les novateurs ont soumis leurs idées à la discussion et à l'expérience ; ils y ont trouvé leur réfutation par le raisonnement, et par la ruine de leurs dupes dans les essais qu'ils sont parvenus à tenter.

C'est ainsi que la banque de Proudhon est allée joindre les travaux d'Owen en Angleterre et en Amérique, les tentatives des saint-simoniens à Ménilmontant, l'organisation du travail de Louis Blanc au Luxembourg, et l'entreprise des malheureux entraînés en Icarie par le citoyen Cabet ; enfin l'expérience faite par les fouriéristes eux-mêmes avec les capitaux fournis par Baudet-Dulary, et que M. Victor Considerant, homme de seconde vue, proposait bravement de renouveler aux dépens du domaine public et du trésor de l'Etat, si l'on avait bien voulu lui confier 1,500 arpents de terre dans la forêt de Saint-Germain, avec un ou deux millions pour les mettre en valeur, et y fonder un phalanstère-modèle dont il prétendait faire un nouveau paradis terrestre !

Quant à la famille, M. Desjobert, répondant à M. Victor Considerant, dans la séance du 14 avril 1849, a donné une idée de la théorie des socialistes en fait de mariage : — Je citerai, disait l'orateur, ce que j'ai trouvé *de plus chaste* dans les doctrines de Fourier, le grand-prêtre de la doctrine. Dans sa *Théorie des quatre mouvements*, tome 1er, page 180, Fourier réglemente ainsi le mariage : « Une femme, dit-il, « peut avoir à la fois : 1° un *époux*, dont elle a deux en-« fants ; 2° un *géniteur* dont elle n'a qu'un enfant ; 3° un « *favori* qui a vécu avec elle et conserve ce titre ; 4° de *sim-« ples possesseurs* qui ne sont rien devant la loi. » — Les *Holà!* de l'Assemblée ont mis fin à la citation.

Heureusement de telles horreurs révoltent plus qu'elles ne

____

(1) *Dixit insipiens in corde suo : Non est Deus.*

séduisent ; elles ne trouveraient point d'accès au paisible foyer de l'agriculteur. Son labeur n'est surtout moral que parce qu'il a pour base la famille, et qu'il exige le concours de tous ses membres. « Car, dans ce ménage des champs « (suivant l'intéressante description que Guy Coquille nous « a laissée des familles nivernaises de laboureurs exploitant « un même domaine), ces familles sont composées de gens « qui tous sont employés selon leurs âge, sexe et moyens. « On y fait compte des enfants qui ne savent encore rien « faire pour espérance qu'on a qu'à l'avenir ils feront ; on « fait compte de ceux qui sont en vigueur d'âge pour ce « qu'ils font ; on fait compte des vieux, et pour le conseil « et par la souvenance qu'on a de ce qu'ils ont bien « fait. » — Voilà la famille du laboureur.

Spectacle digne d'être contemplé avec ravissement et qui fonde aujourd'hui l'espérance de la patrie. Oui, en présence de l'agitation des villes et de la surexcitation des opinions, la France a cru voir dans les premiers essais du suffrage universel que le bon sens des agriculteurs serait son refuge et son ancre de salut......

Et cependant qu'on ne s'y méprenne pas. Des efforts inouïs ont été tentés dans ces derniers temps pour égarer l'esprit des campagnes. Une organisation sourde a servi de véhicule aux bruits les plus absurdes, aux calomnies les plus éhontées contre les hommes que leur éducation, leur moralité, leurs services avaient jusque-là recommandés à la considération et à la confiance publique ; les doctrines les plus subversives circulent à l'ombre d'un ignoble colportage d'écrits marqués au coin du socialisme le plus effréné ; les novateurs, ne trouvant plus de *priviléges* qu'ils puissent accuser, ne craignent pas de s'attaquer *au droit*, ou plutôt, dans leur audace, ils nient le droit lui-même, ce rempart divin du faible contre le fort. *Jura negant sibi nata ; nihil non arrogent armis.* Pour eux, tout se réduit à une question de force brutale. Dans leur programme, ils tiennent, à ceux qu'ils s'efforcent de recruter, le langage que les chefs de pirates du moyen âge tenaient à leur troupe avant d'attaquer et de piller une riche habitation ou de dévaster toute une contrée ; c'est (je traduis la chose en langue vulgaire) *la bourse ou la vie*, peut-être même les deux, que ces forcenés demandent à une partie de leurs concitoyens, en promettant aux autres le pillage des meubles, le partage des biens et l'anéantissement de tous les contrats.

Que chacun donc se tienne pour averti, que les gens d'honneur et de probité se rallient, que les hommes politiques, jusque-là divisés d'opinion sur la théorie du gouvernement et sur la marche des affaires, comprennent que sous la forme actuelle et nécessaire du gouvernement républicain, c'est-à-dire le gouvernement du pays par et pour le pays, il n'y a plus qu'une question, mais une question sociale, une question de vie ou de mort : Etre ou n'être pas. L'anarchie est l'ennemi qu'il faut combattre; l'ordre et la paix deviennent le mot de ralliement : *In hoc signo vinces.* Il faut que toutes les influences honnêtes se concertent et se réunissent pour défendre ce dernier rempart et donner au gouvernement et à l'Assemblée nationale la force de comprimer une faction désorganisatrice qui, dans sa fureur, si elle pouvait prévaloir, détruirait jusque dans ses derniers fondements tous les éléments de moralité, de force et de grandeur de notre belle patrie.

Raffigny, ce 22 mai 1849.

COMICE AGRICOLE DE LORMES

SOUS LA PRÉSIDENCE DE M. DUPIN.

Le dimanche 16 septembre 1849.

(Extrait du *Journal de la Nièvre*.)

———

...... Un temps magnifique a régné pendant toute cette journée. Aussi une masse considérable de peuple n'a pas cessé d'affluer dès le matin, par tous les sentiers qui traversent les montagnes du Morvan, pendant que les calèches, les cabriolets et les autres attelages arrivaient par les routes de Clamecy, Corbigny, Autun, Avallon, Saulieu, Tannay ; car Lormes, depuis quelques années, possède d'excellentes voies de communication dans toutes ces directions.

M. Dupin, parti de Raffigny à huit heures du matin, est arrivé à neuf heures avec M. le préfet de la Nièvre et MM. les sous-préfets de Château-Chinon et de Cosne-sur-Loire. Ils se sont rendus à l'Hôtel-de-Ville, où ils ont trouvé M. le sous-préfet de Clamecy avec M. Lobbé, maire de Lormes, membre du conseil général, et le conseil municipal, avec lesquels ils se sont mis en marche escortés par la compagnie de pompiers, remarquable par sa bonne tenue.

Le cortége s'est rendu au champ du comice par la belle avenue qui longe la prairie jusqu'à l'étang du Goulot, vaste pièce d'eau couronnée dans le lointain par une chaîne de montagnes boisées, de l'aspect le plus imposant.

Une vaste estrade de soixante pieds de long sur vingt-cinq de large, adossée à une ligne de grands arbres qui la défendaient des ardeurs du soleil, était disposée pour recevoir le bureau du Comice, les fonctionnaires publics et les dames. Deux lignes de banquettes en demi-cercle offraient encore une longue suite de places pour recevoir les personnes qui n'auraient pu s'installer sur l'estrade.

Un très-beau champ de cent boisselées de terre se développait en avant et devait être livré à l'activité des laboureurs. Les commissaires-ordonnateurs avaient marqué des places pour 39 charrues, croyant ce nombre plus que suffisant ; car, jusque-là, les comices les plus nombreux n'en avaient pas attiré plus de trente. Mais, cette fois, l'émulation a été plus grande, et à dix heures le nombre des attelages inscrits s'élevait à 50. Alors on est convenu que les 39 premières charrues exécuteraient une moitié de leur tâche, et que les 11 autres viendraient ensuite se placer à côté et tracer leurs sillons sur les interstices restés vacants.

Une population immense formait le carré autour de ces attelages tantôt de 4, souvent de 6 beaux bœufs soit charolais, soit morvandiaux, et pendant ce temps arrivaient les bestiaux qui venaient concourir pour les primes ; les vaches, les génisses, les taureaux de diverses races, parmi lesquels on distinguait deux jolis morvandiaux le front chargé d'un poil fortement frisé, et d'un caractère querelleur qui exigeait à chaque instant l'intervention de leur conducteur.

Le quartier des chevaux offrait de belles juments de trait et de selle, de jeunes poulains au-dessous de deux ans, et de magnifiques étalons de race percheronne, à la tête desquels se faisait remarquer par sa grande taille et sa fierté l'étalon gris-pommelé qui portait le nom d'*Abd-el-Kader*.

M. Dupin, entouré des éleveurs les plus renommés du Comice, a parcouru toutes les lignes et suivi le travail des charrues, recevant partout l'accueil le plus amical de tous les laboureurs et fermiers, qui marquaient leur satisfaction de le revoir au milieu d'eux. Il est ensuite revenu se placer sur l'estrade où se trouvaient réunis les autorités, les principaux membres du Comice et un grand nombre de visteurs venus de toutes les parties de la Nièvre et des pays environnants. On y remarquait M. de Pongerville, de l'Académie française, venu la veille à Rafligny ; M. le comte d'Esterno d'Autun, membre du congrès central d'agriculture ; M. de Chastellux-Rauzan ; M. Nepveu-Lemaire, avocat-général près la cour d'appel de Bourges ; le sous-préfet d'Avallon, les procureurs de la république près les tribunaux de Nevers, Clamecy, Château-Chinon et Montargis ; M. Fauquier, président du tribunal de Clamecy ; plusieurs membres du conseil-général, etc.

A deux heures, les commissions pour les primes ayant terminé leur travail, M. Dupin s'est avancé au bord de l'estrade et a donné l'ordre de laisser approcher la masse des spectateurs. Alors on a vu se presser en demi-cercle une affluence énorme d'environ trois mille personnes offrant le mélange le plus pittoresque de couleurs et de costumes.

Un grand silence s'étant établi, M. Dupin a prononcé le discours suivant :

DISCOURS DE M. DUPIN.

Messieurs et chers concitoyens,

Le Comice de l'an dernier s'ouvrait sous de douloureux auspices. A cette époque, la rareté du numéraire, l'extinction subite du crédit, l'avilissement du prix des bestiaux, l'impôt révolutionnaire des 45 centimes, tous les malheurs à la fois pesaient sur l'agriculture.

Aujourd'hui la situation s'est améliorée, le gouvernement établi par la Constitution fonctionne avec droiture et régularité, la confiance renaît, le commerce de vos foires a repris son activité ; et le président de la république, élevé et soutenu par six millions de suffrages, reçoit de cette élection populaire, qui est votre ouvrage, la force, comme il puise dans son caractère personnel la ferme volonté de maintenir l'ordre en même temps que la liberté.

Tous les intérêts de la terre, du commerce et des transactions civiles sont placés sous la sauvegarde d'une magistrature intègre, dont l'inamovibilité, vainement menacée pendant les mauvais jours que nous avons traversés, vient d'être de nouveau consacrée pour l'honneur de la justice et la sécurité des citoyens.

De toutes parts le vœu public appelle et cherche la *stabilité !...* Mais, après tant de vicissitudes, il est naturel, et surtout il est utile de faire de mûres réflexions sur le passé. Oui, j'en appelle au bon sens de tous ; de ceux-là particulièrement que leur simplicité rend plus faciles à tromper, mais que leur bonne foi native doit ramener du côté de la vérité dès qu'elle leur est présentée.

Pourquoi étions-nous si mal l'an dernier ? — Pourquoi sommes-nous mieux maintenant ? — A quelles condition notre avenir pourra-t-il s'améliorer encore ?

Dans ce Comice du Morvan, sur ce sol revêche confié à la culture laborieuse d'un peuple courageux et tenace, longtemps enfermé au milieu des bois et peu avancé dans les voies d'une civilisation que nos routes récemment tracées ont fait pénétrer chez lui, presque malgré lui ! dans ce chef-lieu de granit, je veux parler à cœur ouvert, non pour ceux qui sont le plus près de moi sur l'estrade, mais pour ceux qui se pressent devant nous, et à qui je dis : *approchez,* car ce sont les travailleurs surtout que je désire voir de plus près et par lesquels je désire le plus être bien compris.

Enfants du Morvan, laboureurs, vous qui avez conservé vos principes religieux, qui vous agenouillez encore soir et matin pour prier le Créateur et redire en commun ces préceptes de la sagesse éternelle :

> Un seul Dieu tu adoreras,
> Tes père et mère honoreras,
> Bien d'autrui tu ne prendras,

soyez-en bien certains, quelles que soient les révolutions, il y aura toujours deux sortes de gens en ce monde :—Les gens honnêtes et ceux qui ne le sont pas ;— les gens laborieux et les fainéants ;— les gens économes et les *mange-tout*.

Si les commotions politiques paraissent un instant tout confondre, s'il est des moments critiques où les plus méchants citoyens semblent prendre le dessus, bientôt les événements et leurs suites éclairent les situations ; la réalité remplace les chimères, chacun reste en face d'une réputation conforme à ses œuvres, et l'ordre éternel que Dieu a voulu mettre en toutes choses tend à reprendre son souverain empire.

De même qu'à côté de vos abeilles vous entendez bourdonner les frelons qui s'empressent pour dévorer le miel qu'ils n'ont pas su produire, — de même dans les agitations politiques on voit tout à coup surgir d'audacieux brouillons qui veulent s'emparer de tous les emplois au risque de perdre la chose publique qu'ils sont incapables ou indignes de gouverner ; — des gens, suivant l'énergique expression d'un ministre de la république, qui ne sont capables de rien à la tête de gens qui sont capables de tout.

Vous voyez pulluler une foule d'hommes ruinés par leurs fautes ou par leurs vices, quelquefois aussi compromis par leurs crimes, déjà condamnés ou sur le point de l'être (1), qui voudraient se refaire par le désordre et pêcher à pleines mains dans l'eau qu'ils ont troublée.

Jetez les yeux autour de vous ; dans chaque ville, dans chaque hameau, observez ceux qui sont toujours les premiers à déclamer contre toute espèce d'autorité, à s'attrouper, à faire club, à semer des bruits alarmants, à répandre de fausses doctrines, à donner de folles espérances, à calomnier les

____

(1) *Convicti judiciis, aut pro factis judicium timentes.* Sallust. *in Catil.* 14.

meilleurs citoyens et à pousser par tous les moyens, même les plus atroces et les plus odieux, au bouleversement de la société;—et considérez si ce ne sont pas toujours et partout des individus dont la ruine était certaine ou n'a pas tardé à se révéler, et qui étaient, suivant une de vos expressions familières, *tout près de leurs pièces* (1) ;—ou, pour employer les paroles plus relevées d'un grand poète,

> Un tas d'hommes perdus de dettes et de crimes,
> Que pressent de nos lois les ordres légitimes,
> Et qui, désespérant de les plus éviter,
> Si tout n'est renversé, ne sauraient subsister.

Des gens qui n'ayant pas su gagner ou conserver un patrimoine, auraient très-volontiers partagé celui de leurs voisins laborieux, économes et rangés; sans songer que ceux-ci apparemment ne seraient pas d'humeur à se laisser dépouiller et qu'ils se défendraient avec vigueur contre le brigandage et la spoliation.

Voilà les apôtres principaux du communisme! Voilà ceux que les socialistes de toutes les sectes emploient de préférence pour préconiser et répandre leurs doctrines! — Doctrines funestes, qui toutes, en les analysant bien, conduisent à l'abrutissement de l'espèce humaine par la destruction successive de toutes les conditions de liberté, d'honneur et de morale sur lesquelles la Providence fait reposer la société civile.

Et cependant c'est avec le concours de ces auxiliaires et à l'aide de semblables moyens que l'on est parvenu à troubler la paix publique, à interrompre les travaux, à soulever des émeutes, à allumer la guerre civile! On faisait espérer aux ouvriers des villes et des campagnes que de cette perturbation sortirait pour eux une foule de biens, et il n'en est résulté que la ruine complète des uns, la gêne des autres, le malaise de tous!

Je rappellerai ici ce que j'ai dit à ce sujet dans l'*introduction* d'un petit écrit que j'ai publié récemment sur les Comices agricoles (2). — Je veux vous prendre uniquement par votre intérêt et vous le faire toucher au doigt.

---

(1) *Domi inopia, foris æs alienum.* Ibid. 20.

(2) *Des Comices agricoles et en général des institutions d'agriculture.* 1 vol. in-12. Paris, Videcoq fils, place du Panthéon, 1.

ter la guerre civile à Paris, quels en sont les effets?

« Les étrangers, venus de tous les pays de l'Europe pour y jouir des plaisirs et y contempler les merveilles de notre longue civilisation, se hâtent de retourner chez eux; et les hôtels garnis restent déserts.

« Les gens riches, ceux qu'aucune fonction publique, aucun devoir n'enchaînent à Paris, quittent leurs hôtels, ou donnent congé de leurs appartements, et vont ailleurs chercher une paix, une sécurité que ne leur offre plus la capitale......

« Qu'arrive-t-il alors? La consommation diminue, le crédit se resserre, le marchand cesse de vendre, les travaux en tout genre sont interrompus...... Voilà l'effet immédiat des troubles de Paris sur Paris.

« Et maintenant, éleveurs de troupeaux, marchands de bœufs, charroyeurs morvandiaux, voici la réaction que les malheurs publics appellent spécialement sur vous.

« La consommation de viande de Paris étant diminuée par la retraite ou la ruine des principaux consommateurs, on n'achète plus autant de bœufs gras aux marchés de Sceaux et de Poissy; ceux qui restent invendus, il faut les ramener à grands frais ou les délaisser à vil prix.

» Ainsi avertis et revenus en foire, le marchand de bestiaux, l'engraisseur, qu'il s'appelle Mathieu, Rollin, Frossard ou Cornu, disent au laboureur et au fermier : « Si le commerce allait, je vous donnerais 600 francs de votre paire de bœufs; mais Paris ne consomme plus, rien ne va, je ne vous en donne que 550 francs, ou même je n'achète pas jusqu'à nouvel ordre. » Et vous remmenez tristement vos bœufs à l'étable, et vous les conduisez encore dix fois en foire sans les vendre; car le négociant ne les achètera pas par amitié pour vous : il faut qu'il y trouve son compte. Voilà donc un immense dommage pour l'agriculture.

« Venons au commerce de bois, autre richesse du département. Sur 500 milles cordés de bois de moule que Paris consomme annuellement, la Nièvre en fournit plus de 130 mille; à 2 francs de façon par corde, c'est 260 mille francs; à 6 francs de charroi par corde, prix moyen, cela fait 780 mille francs, en tout plus d'un million par an que gagnent les bûcherons et les charroyeurs du Nivernais (1).

« Mais si le marchand de Paris n'a presque rien vendu, si son chantier est encore plein à l'époque où ordinairement il était presque vide : alors les bois ne se vendent plus sur les ports du haut, ou bien ils ne se vendent, comme en 1848-1849, que moitié du prix de l'année précédente. Quelle en sera la conséquence ? C'est que chaque propriétaire, à moins qu'il n'y soit forcé par le besoin de ses affaires, restreindra ses coupes au tiers ou à moitié ; car enfin, après avoir pendant quinze ou vingt ans perdu l'intérêt de ses fonds, payé les impôts, les frais de garde, et supporté les délits, il est bien juste qu'il cherche un revenu.

« Dans ce cas, bûcherons, vous aurez moins d'ouvrage, car il y a des factieux qui ont troublé l'ordre à Paris ! charroyeurs, vous aurez moitié moins de bois à extraire des ventes et à conduire au port, parce qu'on a coupé moitié moins qu'à l'ordinaire. — Par contre-coup, vous n'irez pas en foire acheter des bœufs pour faire plus d'ouvrage que vous n'en avez.

« Et voilà encore une cause de ruine pour l'agriculture ! »

Vos orateurs de club et de cabaret vous ont-ils dit tout cela, citoyens ? Ils se seraient bien gardés de vous le prédire ! Mais l'expérience est venue trop vite vous l'apprendre ; tâchez donc, je vous prie, de ne pas oublier tout le dommage que vous ont fait les émeutes de 1848, que le génie du mal aurait voulu renouveler encore en 1849.

Il faut que cela finisse, a dit avec raison le Président de la république, il faut enfin que les méchants craignent et que les bons se rassurent ! — Et depuis ce temps le gouvernement a marché avec vigueur dans cette voie, d'accord avec l'Assemblée nationale, et la loi à la main.

Un grand nombre de lois et de propositions ont été soumises à l'examen, soit des commissions législatives, soit du conseil-d'Etat, sur diverses matières qui intéressent le plus la science économique et la bonne administration du pays ; le système financier, si témérairement compromis par les derniers votes de la précédente Assemblée, est l'objet spécial

____

(1) Non compris les frais bien autrement considérables du flottage à bûches perdues ou en train, ou de la conduite par bateaux.

des études de la commission du budget; les conseils-généraux ont aussi été appelés à fournir leur contingent d'avis et d'observations; et après une courte prorogation, pendant laquelle, malgré les sinistres pronostics de la malveillance, le calme le plus profond n'a pas cessé de régner en France, tandis que tout était troublé en Europe, l'Assemblée nationale va reprendre le cours de ses nombreux et difficiles travaux, en s'efforçant de répondre aux espérances et aux besoins de la nation.

L'agriculture, si digne d'occuper la pensée des hommes publics, est devenue l'objet d'une sollicitude particulière. Au sein même de l'Assemblée nationale s'est formée, sous le titre de *Conférence agricole*, une réunion composée d'un grand nombre de représentants qui s'occupent spécialement de toutes les questions intéressant cette source première de la richesse publique (1).

L'agriculture, en effet, ne demande pas seulement des capitaux au service d'une propriété solidement assise et fortement garantie; elle exige aussi l'intelligence de la part de ceux qui s'y consacrent. Pendant trop longtemps elle n'a été qu'une routine grossière; en réalité, c'est une magnifique science et une noble occupation. Elle suppose assurément une grande pratique, une longue appréciation des faits; mais elle veut surtout, pour atteindre la perfection, une étude sérieuse des sciences naturelles, une connaissance approfondie de toutes les conditions capables de développer la production : elle a droit enfin à la protection spéciale du législateur et des hommes d'Etat.

Le gouvernement a parfaitement compris cette nécessité. L'attention du Président de la république s'est portée particulièrement sur cette branche de notre économie sociale. Dans le message qu'il a adressé le 6 juin dernier à l'Assemblée nationale, ce *Magistrat Réparateur* annonce qu'il existe déjà en France 122 Sociétés d'agriculture et plus de 300 Co-

---

(1) La *Conférence* a déjà entendu un excellent rapport de M. Josseraud, représentant du Puy-de-Dôme, au sujet de l'institut de Versailles, et sur le discernement qu'il convient d'apporter dans le choix des races chevaline et bovine dont il importe le plus d'encourager la production.

mices (1). Il ajoute que depuis le 20 décembre, époque de son élection, 51 fermes-écoles ont été créées, et forment avec les 25 qui déjà existaient, le premier degré de l'enseignement agricole.—Ce mouvement continue.

La loi du 30 octobre 1848 organise cet enseignement. Cette loi, due au zèle et à la profonde expérience de mon honorable collègue et ami M. Thouret, tend d'une part à centraliser ces enseignements dans l'*Institut national agronomique de Versailles*, qui réunira tous les genres d'utilités à côté du célèbre musée qui rassemble toutes les gloires! Et, d'autre part, elle a pour but de disséminer et de répandre les principales notions de cet enseignement sur toute la surface de l'empire par la fondation de *fermes-écoles* dans tous les départements, et par l'établissement, dans certaines zônes de culture, d'*écoles régionales*, qui, pour chaque contrée, offriront une exploitation en même temps expérimentale et modèle. Tâchons seulement d'y apporter une certaine modération, et que les modèles offerts par l'État ne soient pas des *modèles de ruine!*.....

Voilà, messieurs, une grande source de progrès, de progrès véritables! Ce sont là des établissements éminemment utiles, qui méritent les encouragements de tous les vrais amis de leur pays! C'est dans des créations de ce genre qu'on trouve la meilleure preuve de la sollicitude du gouvernement pour le bien général. Qu'on cesse donc de calomnier un état social dans lequel, quoi qu'en disent les éternels ennemis du repos public, l'administration supérieure et le zèle individuel des particuliers ont déjà tant fait, et s'efforcent chaque jour de faire plus encore pour augmenter le bien-être de ceux qui travaillent et alléger les maux de ceux qui souffrent.

J'insiste sur ce point. En effet, messieurs, on a trop souvent reproché aux classes riches de n'avoir rien fait pour les classes pauvres. Ce reproche décèle une merveilleuse ignorance ou une insigne mauvaise foi.

J'emprunterai pour le réfuter le langage d'un orateur qui a joui parmi les masses du plus haut degré de popularité, et qui ne cesse de les haranguer encore dans son journal intitulé le *Conseiller du Peuple.* — « Il ne faut pas être injuste,

(1) Voyez, dans mon petit livre des *Comices*, le nom des lieux où sont établis ces Sociétés et ces Comices, ainsi que les fermes-modèles : pages 163 et 175.

dit M. de Lamartine; il ne faut pas que le peuple souffrant méconnaisse les impulsions qui ont été données, les tentatives, les efforts successifs qui ont été faits pour traduire en institutions secourables cet esprit de bienfaisance, d'assistance, de fraternité et de charité démocratique que la philosophie, l'humanité, la religion ont inspiré aux classes possédantes sous la monarchie et depuis la république. L'ingratitude oublie tout parce qu'elle veut tout méconnaître. Gardons-nous d'exposer le peuple à ce vice auquel la nature humaine est trop inclinée. L'oubli est le commencement de l'ingratitude. Rappelez-vous ce qui a déjà été fait en France pour le paupérisme et pour le soulagement du peuple travailleur, agricole et industriel. »

— Et aussitôt, dans ce style brillant qui caractérise en lui l'homme de tribune et le grand écrivain, M. de Lamartine déroule aux yeux du peuple le vaste tableau de ces améliorations ; il rappelle les lois abolitives des redevances féodales, des dîmes ecclésiastiques et des corvées seigneuriales ; il énumère les établissements d'éducation, d'asile, de bienfaisance et de santé, les institutions de toute nature fondées par la munificence publique ou privée, surtout depuis 1830 et jusque dans ces derniers temps, et il conclut en ces termes :

« En tout, dit M. de Lamartine, plus de deux milliards en
« vingt ans, plus de cinq cents millions pendant la seule pre-
« mière année de la république ; — voilà le mouvement exact
« du principe spiritualiste et divin de la charité et de la fra-
« ternité des classes possédantes envers les classes souffran-
« tes en France aujourd'hui ! Vérifiez, ajoute-t-il, vous trou-
« verez que je n'exagère pas d'une obole. »

Cette admirable récapitulation, dit un des principaux organes de la presse périodique, devrait être affichée en gros caractères dans tous les villages de France, à la porte de la mairie, de l'école et du presbytère !

A plus forte raison doit-on redire ces choses devant un Comice agricole, c'est-à-dire dans une de ces assemblées populaires où ceux qu'on nomme les *gros* ne se réunissent que pour faire honneur à ceux qu'on appelle les *petits*, pour les récompenser de ce qu'ils ont fait de bien et les encourager à faire mieux encore.

Prenez donc confiance, chers concitoyens. Au lieu d'écouter les prophètes de malheur qui cherchent à vous diviser, ralliez-vous et soyez unis. Nous avons tous besoin les uns des autres. Le propriétaire est heureux de rencontrer un fermier intelligent ; — le fermier d'avoir un propriétaire bienveillant et des agents dociles et laborieux ; — les manœuvres enfin méritent de trouver dans ceux qui les emploient humanité, protection, assistance.

Au lieu de vous laisser pousser à des sentiments de basse jalousie, fiez-vous au patronage de ceux dont l'appui ne vous a jamais manqué dans vos détresses et dans vos malheurs. Au lieu de l'envie, prenez de l'émulation. Vous voyez chaque jour des riches devenir pauvres, et chaque jour aussi des pauvres s'enrichir ! Réfléchissez sur ce qui cause la chute et la ruine des uns, l'élévation et le succès des autres. Vous verrez que toujours la fainéantise et la débauche entraînent la misère, et qu'au contraire le travail, l'économie, la moralité engendrent le bien-être.

Propriétaires, fermiers, laboureurs, travaillons donc tous, et surtout aimons-nous et entr'aidons-nous chrétiennement et fraternellement les uns les autres : que les ennemis de notre patrie cessent de pouvoir se réjouir de nos divisions, et que le nom français reste glorieux et impérissable.

Vive la Nation !

Ce discours, écouté avec la plus sérieuse attention, a excité à plusieurs reprises l'approbation de cet auditoire, vivement impressionné de la parole de l'orateur, et visiblement ému par la peinture si naturelle, si vraie, si pittoresque, de l'influence funeste que les troubles civils exercent sur les habitants des campagnes et des préjudices qu'ils leur causent.

On a ensuite procédé à la distribution des primes. Le premier prix de moralité a été décerné à Claudine Blandin, basse-courière depuis vingt ans dans la ferme de Saugny, commune de Gacogne. Avant de donner à cette femme la médaille et la somme d'argent qui lui étaient destinées, M. Dupin s'est levé, et, s'adressant de nouveau public : — « Messieurs, a-t-il dit, les serviteurs et agents de l'agriculture que vous récompensez n'ont souvent d'autre mérite que d'être restés quinze ou vingt ans dans la même maison, en servant à sa satisfaction un maître dont ils étaient réciproquement satisfaits. Claudine Blandin a déjà ce mérite, mais elle en a un autre : c'est la conduite courageuse qu'elle a tenue lors de l'incendie de la ferme et du village de Saugny, qui, après avoir causé de grands ravages, n'a été éteint que par l'activité de votre brave compagnie de pompiers, toujours alerte à se porter au secours de ses voisins. (*Applaudissements.*)

« Claudine Blandin, quoique mère de cinq enfants, a affronté la mort pour aller au secours de l'enfant unique de la fermière, qui était déjà cerné par les flammes. Elle a ensuite volé au secours du bétail et est parvenue à faire évacuer deux écuries. Elle venait de pénétrer dans la troisième, lorsque le toit s'écroula sous les flammes. Placée au fond et occupée à détacher les animaux pour les faire sortir, elle n'aperçut en se retournant qu'un mur de feu qui lui barrait le passage. Alors, invoquant le nom de Dieu, elle eut le courage de s'élancer à travers, et sortit dans l'état le plus affreux pour aller se précipiter dans la mare d'un fumier voisin. Messieurs, le soldat, au retour de ses batailles, montre ses blessures avec orgueil; Claudine Blandin peut aussi vous montrer ses cicatrices (la pauvre femme montre ses bras tout brûlés). Eh bien, M. le ministre de l'agriculture a mis à ma disposition une médaille d'or; cette médaille ne pourrait être décernée aux agriculteurs, parce que cette année le choléra a empêché de faire la visite des propriétés pour constater les meilleures cultures. Cette femme aurait mérité le prix Monthyon, je vous propose d'ajouter à sa récompense la médaille d'or ! » (*Des acclamations unanimes et le roulement des tambours ont ratifié cette parole du président.*)

On a ensuite distribué les autres récompenses et des primes s'élevant à deux mille quatre cents francs.

Le cortége s'étant reformé, on est retourné à l'Hôtel-de-Ville, où le président à remercié et complimenté la compagnie de pompiers. Un banquet, auquel le défaut de local suffisant n'a permis d'admettre que la moitié de ceux qui auraient désiré en faire partie, a été servi chez le restaurateur Julien.

Au dessert, M. Lobbé, maire de la ville de Lormes, a porté le toast : *Au président de la république !* qui a été accueilli aux cris de : *Vive le président !*

Ensuite M. de Vilcourt, premier adjoint, a porté le toast : *Aux membres du Comice en général, et en particulier à M. Dupin, président !*

M. Dupin a répondu en peu de mots : « Messieurs, je suis

heureux, après tant d'agitations, de me retrouver ici, au milieu de vous, dans un pays auquel je suis vivement affectionné. J'ai toujours porté intérêt à la ville de Lormes, je me suis associé à tous les actes de son administration municipale chaque fois qu'il s'est agi de fonder ou d'améliorer ses établissements. Je remercie, au nom du Comice, M. le maire et ses adjoints des soins qu'ils ont pris pour embellir cette fête et assurer le bon ordre qui n'a pas cessé de régner. Messieurs, dans la position que m'a faite l'élection de mes concitoyens, je serai toujours heureux quand je pourrai mériter leur approbation en rendant service à mon pays! » *(Ces paroles ont été couvertes par les vivats des assistants.)*

La soirée s'est terminée par un bal nombreux et brillant dans la grande salle de l'Hôtel-de-Ville, décorée avec goût et dans laquelle on remarque un beau portrait en pied du maréchal de Vauban, Nivernaiste, obtenu par M. Dupin sous le précédent gouvernement.

Une quête au profit des pauvres a eu lieu dans le cours du bal.

LE MARÉCHAL BUGEAUD D'ISLY.

La force des nations n'est pas seulement dans le nombre de leurs citoyens, mais dans le mérite et la valeur de ceux qui les commandent et marchent à leur tête.

La mort du maréchal Bugeaud est devenue une cause générale de deuil pour la France parce qu'il était un de ces hommes éminents, enfants de leurs œuvres, parvenus au sommet de leur carrière par une longue série de brillants services, et que nous l'avons perdu dans un âge où son expérience et sa vigueur d'âme rendaient son concours précieux à la chose publique.

Le maréchal Bugeaud se vantait avec raison d'avoir d'abord été soldat. « Comme vous, disait-il à ses soldats, j'ai porté « le sac, et ce n'est qu'avec mon fusil, et plus tard avec mon « épée, que je me suis élevé, après quarante-six ans de ser- « vice, à l'insigne honneur de vous commander. » — Aussi fut-il toujours le père et l'ami du soldat, sans cesse occupé de son instruction, de son bien-être et de sa moralité.

Dans la vie civile, le patriotisme de Bugeaud se signalait avec d'autres formes ; mais il conservait le même caractère : celui d'un dévouement sincère et complet à l'honneur et aux intérêts de la patrie ! Dans nos assemblées législatives, sa parole vive et franche exprimait des opinions droites, des vues saines, un amour de l'ordre qu'il aurait voulu voir régner dans la cité comme la discipline dans les camps ; et dans toutes les circonstances il montrait cet esprit de modération qui distingue et renforce les bonnes causes.

> Vim temperatam Dî quoque provehunt
> In majus : idem odere vires
> Omne nefas animo moventes.

Dans sa lettre du 19 mai 1849, *Aux soldats de l'armée des Alpes*, au moment où il les quittait, lettre qu'on peut regarder comme son testament militaire et civil, le maréchal Bugeaud leur disait : « Vous n'oublierez jamais que l'armée « est instituée pour faire respecter l'indépendance de la « France à l'extérieur, et les lois à l'intérieur. » Et moins d'un mois après, à Lyon comme à Paris, l'armée, fidèle au pays et à son drapeau, a montré qu'elle avait accepté la glorieuse hérédité de ces principes et de ces conseils.

Bugeaud se recommandait encore par son amour pour l'agriculture et pour les ouvriers des champs. Il s'était fait leur collaborateur intelligent. L'Algérie lui devra sa colonisation. Dans l'écusson de ses armoiries on voyait une épée et une charrue, avec cette devise : *Ense et aratro.* On pourrait ainsi résumer toute sa vie : *Bon soldat, bon citoyen, bon laboureur.*

FIN.